SINGVÖGEL

Servus

Das kleine Buch

Klaus Kamolz

SINGVÖGEL

Heimische Arten und wo sie zu finden sind

Inhalt

Gefiederte Musikanten

Singvögel sind kleine Wunder der Natur

Drossel, Fink und Star

Mit mehr als 4.000 Arten sind die Singvögel (*Passeres*) die größte Gruppe unter den Vögeln. Nach offizieller Systematik sind sie eine Unterordnung der Sperlingsvögel (*Passeriformes*). Die meisten europäischen Arten gehören zur Gruppe der *Passerida*, darunter zum Beispiel die Familien der Meisen, Finken, Drosseln, Stare oder Schwalben. Die Textzeile „Amsel, Drossel, Fink und Star" im berühmten Kinderlied „Alle Vögel sind schon da" ist im Übrigen zoologisch nicht ganz korrekt: Amseln gehören nämlich zu den Drosseln.

Singen und Fliegen

Rasche und wendige Fortbewegung in der Luft sowie eine überdurchschnittliche Fähigkeit zur Lautäußerung kennzeichnen alle Singvögel. Ihre Lungenkapazität ist zehnmal größer als die gleich großer Säugetiere, ihr Körperbau extrem leicht. Luftsäcke, die die Lungen erweitern, ragen bis in die Hohlräume von Knochen. Die Luft dient zur Reduktion des Gewichts, zur Kühlung der stark beanspruchten Flugmuskulatur und zum Aktivieren der Membranen in den stimmbildenden Körperteilen. Von den vier Krallen ist die an der Hinterzehe die größte und fungiert als anatomische Unterstützung eines hochentwickelten Gleichgewichtssinns, etwa beim Sitzen auf Zweigen. Auch der Reflex, auf den Anblick greller Nestlingsrachen mit unermüdlicher Fütterung zu reagieren, ist stark ausgebildet.

Gelbe Rachen bei Kohlmeisenjungen lösen den Fütterungsreflex aus.

Was Vogelstimmen sagen

Warum Singvögel zu derart vielfältigen Lautäußerungen fähig sind, beschäftigt den Menschen seit dem Altertum. Naturgemäß flossen in früheren Zeiten allerlei Aberglaube und Volksmythen in diese Überlegungen. Recht verbreitet war die Annahme, dass aus ihnen die Götter sprechen. Ureinwohner von Papua-Neuguinea glauben heute noch, dass Vögel ihnen mit bestimmten Gesängen mitteilen, wann bestimmte Früchte reif sind. Grundsätzlich gibt es zwei zentrale Motive für den Gesang, der hauptsächlich von Männchen gepflogen wird: die Eroberung und Verteidigung eines Reviers und das Anlocken und Beeindrucken einer Partnerin zu Fortpflanzungszwecken. Doch Singvögel sagen wesentlich mehr: Männchen animieren Weibchen durch ihre Lieder, beim Nestbau nicht lockerzulassen, und teilen ihnen auch mit, wo sie gerade sind. Duette unter Männchen dienen zum Messen der Entfernung voneinander. Männliche Singammern etwa informieren ihre brütenden Weibchen durch Signalgesänge darüber, dass die Luft gerade rein ist und sie das Nest zur Nahrungssuche kurz verlassen können. Die Komplexität der Gesänge hängt vom Sozialverhalten ab. Gesellige Vögel wie die Sperlinge haben ein wesentlich kleineres Repertoire als solche mit einem rigiden Revierdenken. Einiges spricht dafür, dass sich die Vögel beim Singen einfach nur vergnügen. Bei Zebrafinken steigt in diesen Momenten der Spiegel des Belohnungshormons Dopamin. Die Männchen der Sumpfrohrsänger, die in der Brutphase aggressiv ihr Revier verteidigen, sitzen nach der Aufzucht der Jungen gemeinsam friedlich auf Ästen und tirilieren vor sich hin – ohne existenziellen Grund. „Sie müssen auf irgendeine Weise Spaß an der Musik haben“, folgerte die belgische Singvogelforscherin Françoise Dowsett-Lemaire. „Daran besteht kein Zweifel.“

Wie Vogellieder dem Schnabel entfliehen

Vogelgesang entsteht im unteren Kehlkopf, der Syrinx. Diese war eine griechische Nymphe, nach der Hirtengott Pan seine Flöte aus Schilfrohr benannte. Die bei Singvögeln besonders gut ausgebildete Syrinx befindet sich an der Schnittstelle der Bronchien zur Luftröhre und wird von Muskeln gesteuert, die beidseitig und unabhängig voneinander Membranen in Schwingung versetzen. Deshalb können Singvögel zweistimmig singen. Die Laute entstehen beim Ausatmen. Ein System von – mit der Lunge verbundenen – Luftsäcken ermöglicht anhaltendes Gezwitscher. Die Feldlerche beherrscht diese Technik besonders gut.

Plaudernde Raben

Unter den Singvögeln gibt es auch eine Gruppe, die man dort nicht vermuten würde: die Rabenvögel (*Corvidae*), zu denen neben dem Kolkraben auch alle Häher, Elstern, Krähen und Dohlen zählen. Rabenvögel erfüllen die meisten anatomischen und verhaltensbezogenen Merkmale der Singvögel. Auch sie verfügen über eine komplexe Syrinx (siehe Seite 9). Ihre Laute sind zwar eher krächzend, aber dem Gesang der Singvögel ähnliches Geplauder beherrschen sie ebenso wie ein breites Repertoire an Rufen, die zur Warnung oder zur Verteidigung eines Reviers dienen. Rabenvögel sind auch Meister im Imitieren von Tier- und Zivilisationslauten. Singvögel sind somit auch eine größenmäßig breitgefächerte Gruppe. Raben werden bis zu 65 cm lang, die kleinsten Vögel Europas, die Wintergoldhähnchen, bringen es nur auf ungefähr 8,5 cm.

Füttern im Sommer?

Bei Singvögeln kann es manchmal zu epidemieartigen Erkrankungen kommen. In diesem Fall ist es gerade im Sommer, wenn Keime und Parasiten sich in der Wärme besonders gut vermehren, nicht ratsam, durch Fütterungen große Ansammlungen von Vögeln hervorzurufen.

Wie man die Meistersinger in den Garten lockt

Generell gilt: Singvögel brauchen Gärten, in denen nicht alles perfekt zurechtgestutzt ist, um geschützt nisten zu können. Wichtigste Regel: Verzicht auf Chemie! Pestizide sind für die Vögel giftig und dezimieren auch das Kleingetier, von dem sich Bodensucher wie die Amsel ernähren. Wildkräuter, Löwenzahn oder Wegerich sollten da und dort ausblühen dürfen, weil sie wertvolle Samen bilden. Beeren, Hagebutten (die auch als sichere Brutplätze dienen) und Disteln locken Fink oder Zilpzalp an. Wer Nistkästen aufhängt, muss die Bedürfnisse einzelner Arten erfüllen. Blaumeisen brauchen kleinere Einfluglöcher als Kohlmeisen, damit die größere Art nicht alle Wohnungen besetzt. Nisthilfen sollten aus Holz oder Holzbeton sein – und eher schattig und für Nesträuber unerreichbar angebracht werden.

Was tun, wenn man Jungvögel findet

Die meisten Vögel verlassen noch flugunfähig das Nest und werden von den Eltern weiter versorgt. Diese Jungvögel sollte man auf jeden Fall in Ruhe lassen, auch wenn sie noch sehr hilflos aussehen können! Wenn kein erwachsener Vogel mehr kommt, sollte man eingreifen. Dazu kontaktiert man am besten Experten (siehe Seite 64). Jungvögel, vor allem Körnerfresser, hochzuziehen und wieder auszuwildern, ist nicht leicht.

Von der Knochenflöte zur Szene am Bach

Schon vor mehr als 30.000 Jahren haben Menschen offenbar Vogellaute imitiert. In der Antike waren Singvögel von Mythen umrankt. Griechische und römische Dichter besangen Drosseln und Nachtigallen; im Mittelalter wurde die nächtliche Sängerin kultisch verehrt. Tandaradei, wie schön sang die Nachtigall, dichtete der Minnesänger Walther von der Vogelweide. In der klassischen Musik spielen Singvögel seit Jahrhunderten eine nicht unwesentliche Rolle. Wolfgang Amadeus Mozart besaß selbst einen Star. Ob dessen Laute ihn inspirierten, gilt als umstritten. Überliefert ist aber, dass der Star Mozarts Melodien nachpfeifen konnte. Auch später ließen Tonkünstler Singvögel auftreten: Antonio Vivaldi schrieb dem Distelfink ein Flötenkonzert, bei Ludwig van Beethovens 6. Symphonie singen Vögel in der Szene am Bach, und in Richard Wagners Oper *Siegfried* treten Amsel, Pirol und Goldammer auf. Der Meister der Vogelstimmen war Olivier Messiaen. Er konnte 700 Arten an ihrem Gesang erkennen – und setzte vielen von ihnen in seinen Werken ein Denkmal.

Amsel

Turdus merula · Familie: Drosseln (Turdidae)

Nest: bevorzugt auf Astgabeln, Dachbalken oder in Mauernischen **Eier:** 4 bis 5 Stück, ca. 3 cm lang, grün bis grünbraun gesprenkelt **Brutverhalten:** 2 bis 3 Bruten; Brutdauer etwa 14 Tage; das Weibchen brütet, beide füttern, das Männchen bewacht in Abwesenheit des Weibchens das Nest; Saisonehe

Merkmale

Amseln werden im Schnitt 25 cm lang. Männchen tragen schwarzes Gefieder (engl.: *blackbird*, franz.: *merle noir*). Der Schnabel ist gelb bis gelborange, ein Ring um die Augen hat dieselbe Farbe. Das weibliche Federkleid changiert in Braun- und Rotbrauntönen; die graubraune Brust ist gelb oder ockerfarben gesprenkelt.

Lebensweise

Bis zum 19. Jahrhundert waren Amseln Vögel des Waldes, heute sind sie Kulturfolger und leben auch in Parks und Gärten städtischer Gebiete. In Mitteleuropa bleiben die meisten Stadtamseln im

Winter im Brutgebiet; die Waldamseln wandern teilweise in Siedlungen, teilweise nach Südwesteuropa. Die Nahrung umfasst Käfer, Spinnen, Regenwürmer, vereinzelt sogar kleine Wirbeltiere, später im Jahr vermehrt Obst, Beeren und Samen.

Gesang

Der charakteristische flötende Gesang stammt von den Männchen. Er beginnt oft vor der Morgendämmerung. Amseln nutzen dazu Singwarten wie Zaunpfähle oder Äste. Am Abend findet ein weiteres Konzert mit Reviergesängen statt. Typisch sind auch Warnrufe wie „tix tix tix" oder „siih". Männchen beherrschen mehr als 30 Motive, haben aber einige Lieblingsmelodien. Der Grundgesang ist angeboren. Aber in jeder Brutsaison kommen neue, von Artgenossen gelernte Motive dazu.

Volkstümliche Namen

Wegen des männlichen Gefieders häufig Kohlamschl oder Schwarzamsel, im Salzkammergut Anisl und Amaxl; in Ostösterreich Omeixl, Omarexl und Ambschl.

Wissenswertes

Amseln scheinen großen Spaß daran zu haben, andere Laute zu imitieren. Im städtischen Raum gehören dazu zum Beispiel Polizei- oder Rettungssirenen. Oft werden auch Handyklingeltöne täuschend echt nachgesungen. Beobachtungen haben außerdem gezeigt, dass Amseln Fehler beim Singen einer Strophe sofort erkennen und dann immer wieder neu ansetzen. Darüber hinaus kennen Amseln einige besonders ausgefuchste Tricks. Sie können zum Beispiel lügen: Wenn sie einen guten Futterplatz gefunden haben, äußern sie oft jene Rufe, die bedeuten, dass ein Feind – etwa ein Greifvogel – naht, um Futterrivalen zur Flucht zu bewegen.

Bachstelze

Motacilla alba · Familie: Stelzen und Pieper (Motacill Idae)

Nest: in Fels- oder Mauernischen, Kletterpflanzen, Baumhöhlen, seltener auch am Boden **Eier:** 5 bis 6 Stück, etwa 2 cm lang, weiß bis hellgrau mit braunen Sprenkeln **Brutverhalten:** häufig 2 Bruten im Jahr; Brutdauer 11 bis 16 Tage; Paare brüten und füttern gemeinsam; Saisonehe

Merkmale

Mit knapp 9 cm ist der Schwanz halb so lang wie der Körper (etwa 18 cm). Im sogenannten Schlichtkleid unterscheiden sich die Geschlechter kaum. In der Brutphase weist das Männchen deutlichere schwarze Federpartien am Scheitel und an der Wange auf; der hornfarbene Schnabel wird schwarz. Außerhalb der Brutzeiten bleibt nur der Brustlatz schwarz; das Gefieder erscheint weiß bis hellgrau.

Lebensweise

Als Kulturfolger ist die früher primär an Ufern und Schotterbänken fließender und stehender Gewässer beheimatete Bachstelze heute auch in Wohngebieten zu finden, bevorzugt in Dorfrandlagen mit Landwirtschaft. In Niederösterreich und im Burgenland ist sie auch in Weinbaugebieten anzutreffen. Die meisten Bachstelzen überwintern in Südwesteuropa und Nordafrika. Die Nahrung ist vorwiegend tierisch und besteht aus Bachflohkrebsen, Schnecken und Insekten, die in Wassernähe, Stallungen oder auf Viehweiden zu finden sind.

Gesang

Die zwei- bis dreisilbigen Rufe klingen so ähnlich wie „zip-zilip" oder „dschi-witt". Die deutlichen Rufe sind oft mit einem leisen dauerhaften Gezwitscher unterlegt. Häufig trägt das Männchen seine Balz- und Reviergesänge im Flug vor, ansonsten werden Singwarten bevorzugt. Oft erinnern die Rufe auch an das Tschilpen von Sperlingen. Warnungen vor Feinden und Nesträubern klingen schärfer als die üblichen Gesänge.

Volkstümliche Namen

Bevorzugte Aufenthaltsgebiete und Verhaltensmerkmale kennzeichen die Mundartausdrücke für die Bachstelze: Wackelschwanz oder Ackermandl sind verbreitet.
Die langen Schwanzfedern führten in Ostösterreich zum Namen Pfannenstiel.
Weitere Namen: Hartöllerl, Haarröllerl, blaue Stelzn, Darschützl.

Wissenswertes

Selbst als Schattenriss wäre eine Bachstelze eindeutig an ihren charakteristischen Bewegungen am Boden zu identifizieren. Sie schreitet oder trippelt, begleitet von ständigem Schwanzwippen. In der Brutzeit stützen Männchen ihre Schwanzfedern am Boden auf und präsentieren Rivalen mit erhobenem Haupt die schwarzen Federpartien am Kopf. Bei Gefahr aus der Luft (Raubvögel, Raben, Krähen) schließen sich Bachstelzen zu Scharen zusammen und attackieren die Feinde mit schrillem Gezwitscher.

Blaumeise

Parus caeruleus · Familie: Meisen (Paridae)

Nest: Höhlenbrüter in hohlen Bäumen, Mauerritzen, Nistkästen oder auch Briefkästen **Eier:** 6 bis 14 Stück, ca. 1,5 cm lang, milchig weiß mit rotbraunen Flecken **Brutverhalten:** meist 1 Brut im Jahr; Brutdauer 13 bis 17 Tage; Weibchen baut Nest, beide füttern; Saison- und Dauerehe

Merkmale

Nur etwa 11,5 cm ist die Blaumeise lang. Die Geschlechter unterscheiden sich nur geringfügig durch Farbintensität. Einzigartig unter den heimischen Singvögeln ist der himmelblaue Scheitel. Ein schmaler, fast schwarzer Augenstreifen verfärbt sich Richtung Nacken blau. Stirn und Wangen sind weiß, unter dem Schnabel verläuft ein schwarzer Kinnstreifen. Brust und Bauch sind kanarienvogelgelb, die Flügel zeigen weiße Querstreifen, der Rücken ist grau-olivgrün.

Lebensweise

Bis auf alpine Hochlagen ist die ganzjährig anwesende

Blaumeise recht weit verbreitet. Sie bevorzugt Laub- und Auwälder, kommt aber auch in ländlichen Siedlungsgebieten mit Hecken und Streuobstwiesen häufig vor. Allerdings ist dort die größere Kohlmeise eine starke Konkurrenz. Unter den Meisen ist sie die begabteste Akrobatin. Bei der Nahrungssuche kopfüber zu hängen macht ihr sichtlich Freude. Ihre Hauptnahrung sind Insekten und Spinnen; in Gärten ist sie eine emsige Vertilgerin von Blattläusen. Ab Herbst frisst sie gerne auch Obst, Beeren und Samen.

Gesang

„Ziii" oder mehrsilbig „zi-zizi" lautet der häufige Auftakt des Blaumeisengesangs. Das Repertoire der kleinen Meisenart ist etwas schmäler als das der Kohlmeise, was – wie vermutet wird – auch damit zu tun haben könnte, dass die Blaumeise unter ständigem Konkurrenzdruck durch die größere Vertreterin der Meisenfamilie steht. Durch bestimmte Triller grenzt sich die Blaumeise ab. Ihre Warnrufe bei nahenden Fressfeinden werden artübergreifend verstanden.

Volkstümliche Namen

Für den auffälligen Singvogel gibt es eine ganze Reihe regionaler Bezeichnungen: im Salzkammergut, in Salzburg und Oberösterreich Bimpal, Blåwal, Himmelmeise, Mehlmeise oder Jungfernmeise. Weiter östlich oft Blauberl, Stockmoasn, Blåritschn oder Blauwerl.

Wissenswertes

Als hervorragende Turnerin und Handwerkerin wird die Blaumeise oft dargestellt. Die Eigenart, Samen mit dem Schnabel aufzuklopfen, findet ihren Niederschlag auch in ihrem spanischen Namen *herrerillo* (kleiner Schmied). Verse hat Wilhelm Busch über das arttypische Verhalten der Blaumeise geschmiedet: „Hell flötet sie und klettert munter / Am Strauch kopfüber und kopfunter ..."

Buchfink

Fringilla coelebs · Familie: Finken (Fringill idae)

Nest: mit Moos und Flechten gut getarnt auf Astgabeln, in Büschen oder Kletterpflanzen **Eier:** 3 bis 6 Stück, ca. 2 cm lang, bläulich bis rostbraun mit Strichelungen und Flecken **Brutverhalten:** max. 2 Bruten; Brutdauer 10 bis 14 Tage; Weibchen brütet, Männchen füttert mit; Brut- oder Saisonehe

Merkmale

Buchfinken sind etwa 14,5 cm lang. Die Weibchen sind äußerst unscheinbar mit graubraunem Gefieder und ganzjährig braunem Schnabel. Gemeinsam sind den Geschlechtern die weißen Flecken auf Schultern und Flügeln. Männchen sind an der Unterseite rostbraun bis dunkelrosa gefärbt; die Flügel sind schwarz-weiß gemustert; Nacken und Kopf stählern blaugrau. Diese Farbe trägt in der Brutphase auch der Schnabel, der finkentypisch kurz und dick geformt ist.

Lebensweise

Buchfinken gehören zu den europaweit häufigsten

Singvögeln. Sie sind bei uns Teilzieher. Ein Teil der Population, vor allem Männchen, harrt also im Brutgebiet aus. Das kann sie in harten Wintern das Leben kosten; im Frühjahr können sie jedoch die besten Brutreviere besetzen. Den allein überwinternden Männchen verdanken die Finken auch den lateinischen Beinamen *coelebs* – der Ehelose. Wenn die Männchen im Frühjahr ihr Revier verteidigen, ist manchmal ein amüsantes Schauspiel zu beobachten: Sie bekämpfen an Fensterscheiben und anderen glatten Flächen ihr eigenes Spiegelbild. Buchfinken nehmen pflanzliche (Samen) und tierische Nahrung (Käfer, Raupen) vor allem vom Boden auf. Wegen ihres wellenartigen Fluges gehören sie nicht zu den besten Luftjägern.

Gesang

Typisch ist der Erregungs- und Warnruf „pink" oder „fink". Ihren Flug begleiten Buchfinken mit dem Ruf „djüpp-djüpp". Im Volksglauben gelten sie als Boten für Regen, weil sie weitersingen, wenn andere Vögel vor dem Niederschlag verstummen. Der Gesang, auch Finkenschlag genannt, weist zudem zahlreiche lokale Dialekte auf; selbst innerhalb von Ortschaften kann er variieren. Der Volksmund übersetzt den Balzgesang des Männchens mit den Worten „Ich, ich, ich, ich, dein lieber Bräutigam".

Volkstümliche Namen

Im Salzkammergut Bräutigamsfink, Edelfink, Dreckfink, Würzgebür; im Wiener Raum Holzjagl, Holzjodl, Reiterfink, Wildsaufink.

Wissenswertes

Weil sich Buchfinken gut von Artgenossen isoliert halten lassen, wurde an ihnen der erhebliche Anteil des angeborenen Gesangs studiert. Die Vögel verstehen einander übrigens nur, wenn sie ihre Strophen vollständig und fehlerfrei vortragen.

Feldlerche

Alauda arvensis · Familie: Lerchen (Alaudidae)

Nest: am Boden in Mulden zwischen lockerer Vegetation **Eier:** 2 bis 5 Stück, knapp 2,5 cm lang, weiß bis hellbraun mit dunkelgrauen Flecken **Brutverhalten:** 2 Bruten im Jahr; Brutdauer 11 bis 12 Tage; Weibchen baut Nest und brütet; beide füttern; Saisonehe

Merkmale

Etwa 19 cm sind diese Lerchenvögel mit der charakteristischen kurzen Federhaube auf dem Scheitel, die bei Erregung aufgestellt wird. Beim Männchen ist diese deutlicher ausgeprägt. Vom Hals zieht sich über den hell grundierten Rücken eine dichte dunkle Streifenmaserung. Die Brust ist ebenfalls hell und, zum Hals dichter werdend, dunkel gestreift.

Lebensweise

Die meisten Feldlerchen überwintern in Südeuropa, Nordafrika und Vorderasien. Ab Februar kehren sie in ihre Brutgebiete zurück, wobei es bei Kälteeinbrüchen kurzfristig zum sogenannten Umkehrzug kommen kann. Ihr Lebensraum sind Wiesen, Weiden und Felder, wo sie sich hauptsächlich auf dem Boden aufhalten. Dort finden sie auch Insekten, Würmer und Spinnen sowie Samen und Keimlinge.

Gesang

Der Gesang der Feldlerche ist ein Naturschauspiel für Auge und Ohr. Bis zu 60 Meter schraubt sich das Männchen empor und verharrt dort singend 15 Minuten oder noch länger. Beim Vortrag der bis zu 200 verschiedenen Silben muss die Feldlerche nicht absetzen, was ihren Liedern einen besonders melodiösen Anstrich verleiht. Schon früh haben Dichter und Komponisten die „Minnesänger der Lüfte“ in ihren Werken beschworen. In jüngerer Zeit wurde auch der Gesang intensiv erforscht. Wie andere Vögel singen Feldlerchenmännchen vor allem, um ihre Revieransprüche zu untermauern. Dabei können sie die Gesänge der Reviernachbarn genau erkennen und bleiben bei ihnen bekannten Strophen ruhig. Neuankömmlinge in Reviernähe machen die Feldlerche aber sicht- und hörbar nervös.

Volkstümliche Namen

Lebensraum und Gesang spiegeln sich in den umgangssprachlichen Ausdrücken für den begabten Singvogel wider: Himmelslerche, Ackerlerche, Kornlerche; daneben sagt man auch Lere oder Lercherl.

Wissenswertes

Durch die industrielle Landwirtschaft mit Monokultur und immer weniger Brachfläche wird der Lebensraum der Feldlerche deutlich eingeschränkt. Deshalb animieren Vogelschützer die Landwirte neuerdings zur Errichtung von „Lerchenfenstern“. Dabei wird bei der Aussaat immer wieder kurz die Saatgutmaschine gestoppt, wodurch mitten im Feld etwa 20 m^2 große Nistflächen und Nahrungsgründe entstehen.

Fichtenkreuzschnabel

Loxia curvirostra · Familie: Finken (Fringill idae)

Nest: in Nadelbäumen in bis zu 30 Meter Höhe **Eier:** 3 bis 4 Stück, ca. 2 cm lang, grünlich oder hellblau mit braunen Flecken **Brutverhalten:** 1 bis 2 Bruten; Brutdauer 13 bis 16 Tage; das Weibchen baut das Nest, das Männchen füttert es während des Brütens über den Kropf.

Merkmale

Etwa 17 cm sind die Vögel aus der Familie der Finken lang. Arttypisch ist der gekreuzte Schnabel, der allerdings erst bei flügge gewordenen Vögeln so wächst. Männchen und Weibchen unterscheiden sich voneinander durch die Grundierungen des Federkleids. Während die Männchen von Rottönen gezeichnet sind, ist das Gefieder der Weibchen olivfarben bis gelblich.

Lebensweise

Der Fichtenkreuzschnabel ist auf das Vorkommen von Nadelbäumen angewiesen. Das schränkt seinen Lebensraum in Österreich ein. In der Steiermark, in Kärnten, Tirol und Vorarlberg gibt es die größten Populationen. Außergewöhnlich ist sein Wanderverhalten, das zum Teil auch mit der Samenproduktion von Fichten zusammenhängt. In sogenannten Mastjahren kann es in bestimmten Gebieten zu Invasionen kommen, in schwachen Samenjahren hingegen zu deutlichen Rückgängen der Bestände. Die Nahrung gewinnt er, indem er mit dem gekreuzten Schnabel Zapfenschuppen aufspreizt und die Samen herausholt.

Gesang

Die vielfältigen Strophen, die vom Zwitschern bis zum harten, abgesetzten Knarren reichen, werden durchwegs in großer Höhe angestimmt. Dazu kommen Rufe wie „tjuk", „klik" oder „kip".

Volkstümliche Namen

Weil der Fichtenkreuzschnabel mitunter schon im Dezember brütet, wurde er früher, vor allem in Tirol, Christ- oder Weihnachtsvogel genannt. Weitere Namen: Schnåbö, Krummschnåbö, Zapfenbeißer oder Kreuzvogel.

Wissenswertes

Einer Legende zufolge zog ein Vogel einen Nagel aus Jesu Hand, während dieser am Kreuz hing. Jesus soll ihm als Dank dafür „Blut und Kreuzes Zier" (Federkleid und Kreuzschnabel) verliehen haben. Fichtenkreuzschnäbel waren deshalb mit starker religiöser Bedeutung versehen. Sie sollen Segen ins Haus gebracht, Gicht ferngehalten und Blitze abgewehrt haben. Dass der Verwesungsprozess wegen des hohen Harzgehaltes ihrer Nahrung verzögert werden kann, hat den Aberglauben um ihre überirdischen Fähigkeiten noch gesteigert. Mancherorts war es auch bedeutsam, wie ihnen der Schnabel wächst. Ragte der Unterschnabel eines Vogels nach links, zeigte das Unglück an; umgekehrt war es ein gutes Vorzeichen.

Gartenbaumläufer

Certhiabra chydactyla · Familie: Baumläufer (Certhiidae)

Nest: meist hinter abgespaltener Rinde oder in Baumritzen, nimmt spezielle Nistkästen an **Eier:** 5 bis 6 Stück, ca. 1,6 cm lang, milchig weiß mit rostbraunen Flecken **Brutverhalten:** 1 bis 2 Bruten im Jahr; Brutdauer 13 bis 15 Tage; beide bauen Nest, Weibchen brütet; beide füttern; Saisonehe

Merkmale

Von der Natur ist der etwa 12 cm lange Gartenbaumläufer, der dem Waldbaumläufer stark ähnelt, bestens ausgestattet worden. Als eifrige Kletterer an Baumstämmen sind beide Geschlechter gut getarnt. Ihr Rückengefieder hebt sich kaum von der Baumrinde ab. Wie der Specht stützt sich der Gartenbaumläufer mit seinen langen Schwanzfedern am Stamm ab, wenn er mit dem dünnen, gebogenen Schnabel in den Ritzen nach Nahrung sucht. Kehle, Brust und Bauch sind beinahe weiß.

Lebensweise

Der Gartenbaumläufer ist ein Dauergast in unseren Laubwäldern, Parks und Obstgärten. Er bevorzugt Bäume mit stark zerfurchter Rinde. Hier nistet er, hier sucht er auch nach Nahrung. Gartenbaumläufer suchen die Stämme von unten nach oben ab, wobei sie sich meist spiralförmig nach oben bewegen. So bringen sie es an einem Tag auf bis zu 300 Bäume und 3 Kilometer Kletterstrecke. Neben Insekten und deren Larven sowie Spinnen frisst er im Winter auch fettreiches Pflanzenfutter und ist gelegentlicher Gast am Futterhäuschen.

Gesang

Gartenbaumläufer und Waldbaumläufer begegnen einander selten, aber doch. Äußerlich sind sie kaum zu unterscheiden, aber ihr Gesang ist ein gutes Erkennungsmerkmal. Gartenbaumläufer singen kürzere Strophen und deutlich lauter. Ihre Rufe klingen wie „tüt-tüt“, „pit“, „tit“ oder „zititit“. Sie bilden auch regionale Dialekte. Zu hören sind die Gartenbaumläufer fast das ganze Jahr über.

Volkstümliche Namen

Der Gartenbaumläufer kommt vor allem im außeralpinen Flach- und Hügelland vor, mit Schwerpunkten z. B. in der Oststeiermark und im Großraum Wien. Hier heißt er auch Klana Bamhackl, Bamrutscherl oder Bamlaferl.

Wissenswertes

Durch intensive Forstwirtschaft ist der Lebensraum des Gartenbaumläufers stark bedroht. Reine Fichten- und Buchenwälder gehören nämlich nicht zu seinem Habitat; Buchenrinde ist ihm zu glatt. Die Bestände sind daher in den vergangenen Jahrzehnten in Österreich stark zurückgegangen. Im Winter verfolgen Gartenbaumläufer eine Strategie, die an jene der Pinguine erinnert: Sie übernachten eng aneinandergekuschelt in Dach- oder Mauerritzen und wechseln mehrmals die Position, sodass sich jeder Vogel einige Zeit in der Mitte wärmen kann.

Gimpel

Pyrrhula pyrrhula · Familie: Finken (Fringillidae)

Nest: in Nadelbäumen oder Büschen in Höhen bis zu 2 Meter **Eier:** 4 bis 6 Stück, ca. 2 cm lang, blaugrün mit dunklen Punkten **Brutverhalten:** 2 Bruten; Brutdauer ca. 14 Tage; Nestbau und Brut durch das Weibchen (li.); das rotbäuchige Männchen füttert mit; mehrjährig monogame Partnerschaft

Merkmale

Die gedrungenen Vertreter der Finken werden in etwa 16 cm lang. Die Gefieder von Männchen und Weibchen sind deutlich zu unterscheiden. Beide haben einen schwarzen Kopf und ein graues Rücken-Cape, das bis an die Flügelansätze reicht. Kehle und Brust des Männchens leuchten ziegelrot; beim Weibchen schleicht sich nur ein blasser Rotton ins graue Federkleid.

Lebensweise

Gimpel bevölkern dichte Nadelwälder und mit Büschen durchwachsene Laubwälder. Vor allem im Winter sind sie auch in Siedlungsgebieten zu finden. Im Mostviertel gelten sie, wenn sie aus höheren Lagen in Gärten einfliegen, als Schneeboten. Heimische Populationen sind primär Standvögel und wechseln bei Kälte und Schnee nur die Höhenlagen. Mit seinem Kegelschnabel bereitet der Gimpel seine Hauptnahrung, Samen von Kräutern und Bäumen, auf: Er schält sie durch Drehen im Schnabel. Die Brut wird mit unreifen, geschälten Samen aus dem Kropf gefüttert; tierisches Eiweiß in Form von Schnecken und Spinnen ergänzt die Nahrung.

Gesang

Gimpel lernen Rufe und Gesänge vor allem von ihren Vätern; generell sind sie sehr aufnahmefähig, weshalb ihnen früher in Volieren mehrere Melodien beigebracht wurden. Rufe und Gesänge sind eher leise und von schnarrenden Lauten unterbrochen. Außerhalb der Brutzeiten singen auch Gimpelweibchen mit Leidenschaft.

Volkstümliche Namen

Der beliebte Name Dompfaff rührt vom schwarzen Haupt und dem roten Rumpf her, der an einen Domherrn erinnert. Auf die Farbe Rot bezieht sich auch die Bezeichnung Blutfink. Im Salzkammergut heißt er zudem Schniel oder Schnigel. Das Wort Gimpel kommt von einem alten süddeutsch-österreichischen Ausdruck für hüpfen: gumpen.

Wissenswertes

Weil sich Gimpel in früheren Zeiten leicht mithilfe eines Lockvogels fangen ließen und einfach zu halten waren, erhielt der Vogel ein etwas naives Image. Ein Gimpel kann lange reisen, ehe er zu Verstand kommt, lautet ein Sprichwort. Im *Räuber Hotzenplotz* verwandelt der Zauberer Petrosilius Zwackelmann Hotzenplotz in einen dummen Gimpel und sperrt ihn in einen Käfig. Einen Gimpel fangen kann allerdings auch etwas ganz anderes heißen: sich in der Kälte eine rote Nase holen.

Grünling

Carduelis chloris · Familie: Finken (Fringillidae)

Nest: in Bäumen, Sträuchern, immer öfter auch in Spalierpflanzen und Blumenkästen auf Balkonen **Eier:** 3 bis 7 Stück, ca. 2 cm lang, bläulich weiß mit Rostflecken **Brutverhalten:** 2 Bruten im Jahr; Brutdauer 12 bis 14 Tage; Weibchen baut Nest und brütet, beide füttern; Saisonehe

Merkmale

Der bei uns sehr häufige Grünling oder Grünfink misst etwa 15 cm. Wie bei den meisten Finken unterscheiden sich die Geschlechter deutlich. Männchen haben eine gelblich grüne Unterseite und einen gelb grundierten Rücken mit Anstrichen von Oliv und Grau. Die Flügel tragen an den Armschwingen Federn in verschiedenen Grautönen mit deutlich gelben Außenseiten. Die Weibchen sind am ganzen Körper unscheinbarer gefärbt. Die Gelbtöne fehlen, Brust und Unterseite sind hellbraun.

Lebensweise

Die Grünlinge Mitteleuropas sind überwiegend Standvögel,

vor allem jene, die in besiedeltem Gebiet leben. Ursprünglich Bewohner von Waldlichtungen und Waldrändern, scheuen Grünfinken heute auch die Nähe des Menschen nicht. Vor allem in Parks oder Gärten brüten sie häufig, mitten in Städten sogar in begrünten Innenhöfen. Ihre Nahrung ist, abgesehen von tierischem Eiweiß für die Nestlinge (Insekten, Blattläuse), überwiegend pflanzlich. An Samen von Halmen, die zu hoch sind, gelangt der Grünling, indem er am Boden deren Stängel mit dem Schnabel knickt. Sehr gern frisst er auch Hagebutten.

Gesang

Seine aneinandergereihten, in der Tonhöhe wechselnden Triller trägt der Grünling von Singwarten oder im Gaukelflug vor. Dazwischen streut er ein typisches langgezogenes „Rätschen" ein. Grünlinge in neuer Umgebung gleichen ihre Gesänge den dort lebenden Artgenossen an.

Volkstümliche Namen

Zwuntsch oder Schwunsch ist einer der häufigsten alten Namen für den Grünfink. Seine Häufigkeit führte zu vielen volkstümlichen Namen: Greanling, Kernbeißer, Wonetz, Grienl, Pienk, Beank, Wörgl, Breinfink oder Grinzling.

Wissenswertes

Wer Grünlinge in seinen Garten locken will, muss nicht allzu viel dafür tun. Ein paar Ecken mit dichtem, immergrünem Bewuchs und Stauden oder Bäume als Singwarten erfüllen seine Bedürfnisse weitgehend. Vogelschutzorganisationen wie BirdLife Österreich warnen allerdings davor, dass Sommerfutterstellen, die größere Trupps anlocken, in manchen Jahren zu einer tödlichen Gefahr werden können. Dem sogenannten Grünlingssterben, einer durch Parasiten hervorgerufenen Krankheit, fielen zuletzt im Sommer 2012 in ganz Österreich Tausende Grünlinge zum Opfer.

Hausrotschwanz

Phoenicurus ochruros · Familie: Schnäpperverwandte (Muscicapidae)

Nest: Halbhöhlen in Mauer- oder Felsnischen, unter Dächern und Brücken. **Eier:** 4 bis 6 Stück, ca. 2 cm lang, einfärbig weiß **Brutverhalten:** 2 Bruten im Jahr; Brutdauer 12 bis 17 Tage; Weibchen baut Nest und brütet; Männchen liefert Weibchen Nahrung zur Fütterung; Saisonehe

Merkmale

Männchen und Weibchen (ca. 15 cm Körperlänge) tragen arttypische rostrote Schwanzfedern. Die Herren haben einen schiefergrauen Rücken und graubraune Flügel mit weißen Einschlüssen. Im Winter sind die Männchen etwas heller. Die Weibchen sind an der Oberseite taubengrau gefärbt und an Brust und Bauch hellgrau. Das Männchen des selteneren und als gefährdet eingestuften Gartenrotschwanzes trägt hingegen eine weiße Stirn, eine schwarze Gesichtsmaske und eine orange Brust.

Lebensweise

Der Oktober ist die Zeit der

Abreise für die in Europa brütenden Hausrotschwänze. Sie verbringen den Winter im Mittelmeerraum, in Nordafrika und auf der Halbinsel Sinai. Im März sind die meisten Vögel wieder da. Die Art war früher ein Felsbewohner, mittlerweile haben viele Vögel aber Felsen gegen Mauern und Dächer in dicht besiedelten Gebieten getauscht. Als Wartenjäger fixiert der Hausrotschwanz seine Beute (Insekten, Spinnen, Würmer) von Zaunpfählen, Geländern oder anderen erhöhten Positionen aus und stürzt sich dann auf sie. Seltener jagt er in der Luft. Sowohl im Brutgebiet als auch während der Winterreise lebt der Hausrotschwanz – abgesehen von der Brutphase – am liebsten als Einzelgänger.

Gesang

Bei Feindalarm oder sonstiger Erregung ruft der Hausrotschwanz „huit" oder „zit". Der mehrstrophige Gesang von höhergelegenen Warten aus kommt nur stotternd oder schleppend in Gang. Und fast könnte man bei regelmäßigem Belauschen seiner Gesänge den Eindruck gewinnen, Vollständigkeit und Wohlklang der Strophen lassen im Jahresverlauf etwas nach. Neben dem Gefieder ist übrigens der Gesang ein gutes Unterscheidungsmerkmal zwischen Haus- und Gartenrotschwanz – Letzterer tiriliert wesentlich wohltönender.

Volkstümliche Namen

Der feurig rostrote Schwanz ist die Quelle der meisten Mundartbezeichnungen für den Hausrotschwanz: in der Steiermark auch Brandvogerl, in Tirol Brantele, im Salzkammergut Rotbrantl, Brandreiter oder Branderl, in Niederösterreich Rotschwaferl, Rußvogel oder Rötling.

Wissenswertes

Rotschwänze gelten mancherorts als Schutzvögel gegen Feuer. Man sagte ihnen früher auch nach, die Milch der Kühe rot zu färben (was in Wahrheit von Entzündungen der Milchdrüsen herrührte).

Haussperling

Passer domesticus · Familie: Sperlinge (Passeridae)

Nest: kugelförmig in Höhlen, Bäumen, Dächern, Mauernischen, auch in Gebäuden **Eier:** 4 bis 6 Stück, ca. 2 cm lang, weiß bis bläulich, mit braunen Flecken **Brutverhalten:** 2 bis 3 Bruten im Jahr; Brutdauer 10 bis 14 Tage; das Männchen (re.) beginnt mit dem Nestbau; beide brüten und füttern; Dauerehe

Merkmale

Etwa 15 cm lang ist der allgegenwärtige Spatz. Die Weibchen sind unauffällig, Rücken und Flügel zeigen Streifenmuster in Gelb- und Brauntönen, Kopf und Brust sind hellbraun. Die ähnlich gemusterten Rücken und Flügel der Männchen haben kräftigere Farben, der Scheitel ist hellgrau. Typisch: die schwarze Kehle und die schwarzen Augenmasken.

Lebensweise

Der standorttreue Haussperling dürfte, wie Fossilienfunde im Nahen Osten nahelegen, schon in der Altsteinzeit vor 400.000 Jahren in der Nähe von Hominiden und Menschen gelebt haben und ist damit einer der ältesten Kulturfolger der Tierwelt; er scheint sogar auf den Homo sapiens angewiesen zu sein. Im Fall von humanen Absiedelungen hat sich gezeigt, dass auch die Sperlingspopulationen verschwinden. Das Verhalten des geselligen Vogels kann auch in Städten gut studiert werden: sein typisches Hüpfen, die kleinen Balgereien mit Artgenossen, seine Vorliebe für Bäder in Wasser und Staub. Spatzen ernähren sich vor allem von Sämereien, sind aber nahezu Allesfresser; Nestlinge werden überwiegend mit Insekten gefüttert, erst später auch mit Samen.

Gesang
Bekannt ist der Spatz vor allem für sein Tschilpen. Er imitiert aber auch kurze Rufe anderer Vögel. Im Fall des Todes beider Eltern reagieren nahe Spatzen auf die Bettelrufe von Nestlingen und übernehmen deren Versorgung.

Volkstümliche Namen
Spatz bzw. Sperling leitet sich vom althochdeutschen *sparo* (zappeln) ab. Im Volksmund heißt er auch Tscheang, Tschech, Diab, Dåchspåtz oder Dreckspåtz.

Wissenswertes
Sie pfeifen es von den Dächern, man schießt mit Kanonen auf sie, und manchmal ist es besser, nur einen von ihnen in der Hand zu haben als einen größeren Vogel auf dem Dach. Die Gegenwart des Haussperlings in nahezu allen Lebensbereichen hat zu einer Vielzahl von Sprichwörtern über ihn geführt. Lange galt er auch als Schädling in der Landwirtschaft und Überträger von Krankheiten. Selbst Vogelschutzverbände boten zum Schutz anderer Arten bei der Winterfütterung Futterhäuschen an, die der Spatz nicht nutzen konnte. Die hießen zum Beispiel „Kontraspatz". Sein lautstark demonstriertes Paarungsverhalten machte ihn weiland sogar zum Symbol für Unzucht.

Kleiber

Sitta europaea · Familie: Kleiber (Sittidae)

Nest: in alten Spechthöhlen, Baumlöchern und Nistkästen **Eier:** 5 bis 9 Stück, ca. 2 cm lang, weiß mit rostbraunen Flecken **Brutverhalten:** meist 1 Brut im Jahr; Brutdauer 15 bis 18 Tage; Weibchen baut Nest an der schon im Winter gewählten Stelle, Männchen füttert mit. Saison- oder Dauerehe

Merkmale

Kleiber werden 14 cm lang. Der Körper wirkt gedrungen, der Schwanz ist ziemlich kurz. Der lange, spitze Schnabel ist grau gefärbt. Flügel, Rücken und Kopf sind blaugrau. Ein schwarzer Augenstreifen bildet die Trennlinie zum weißen Gefieder an Wangen und Kehle. Die Brust erscheint in ocker- bis orangefarbenen Tönen; bei den Männchen sind die Farben dunkler und kräftiger.

Lebensweise

Kleiber sind vorzugsweise in Laubwäldern zu finden. Sie sind sehr standorttreu, nur die Jungvögel wandern manchmal größere Strecken, um sich ein eigenes Revier zu suchen (meist weniger als 20 km). Die Pärchen leben über lange Phasen, oft lebenslang, monogam. In der Brutzeit bis in den Sommer hinein bevorzugen Kleiber Spinnen, Käfer und Raupen, die sie mit ihren Schnäbeln aus Baumritzen hervorstochern. Im Winter ernähren sie sich von Samen, Bucheckern und Nüssen.

Gesang
Laut und lustvoll – so kann man den Gesang der Kleibermännchen beschreiben. In ihren Revieren behaupten sie sich mit Trillerstrophen, die meist absteigen und ähnlich klingen wie „wuii-wuii-wuii". Typisch ist auch das Zetern: „twett-twett-twett". Kleiber beginnen ab Dezember bis ins Frühjahr hinein immer leidenschaftlicher zu singen; in der Brutzeit verstummen sie beinahe.

Volkstümliche Namen
Der Name Kleiber kommt von kleben (siehe „Wissenswertes"). Oft wird er auch Spechtmeise genannt, obwohl er mit beiden Vögeln nicht verwandt ist. Seine Fortbewegung brachte ihm die Namen Bamlafer und Bamhatscher ein. In Ostösterreich heißt er auch Blauspecht oder Kleunermasn.

Wissenswertes
Am winterlichen Futterplatz ist der Kleiber trotz seiner unbedeutenden Größe ein selbstsicherer Geselle und zwitschert Nahrungskonkurrenten gern weg. Fast scheint es, als sei er sich seiner außergewöhnlichen Fähigkeiten bewusst. Die bestehen zum Beispiel darin, dass er kopfüber an Stämmen hinunterlaufen kann. Auch beim Nestbau geht er unüblich vor. Als Nachmieter von Spechten verklebt er deren größere Höhleneingänge mit feuchtem Lehm, sodass nur noch er selbst hinein- und hinauskann; bis zu 1,5 Kilo Lehm sind dafür nötig. Daher kommt auch sein Name: Kleiber waren im Mittelalter Handwerker, die mit Lehm bauten.

Kohlmeise

Parus major · Familie: Meisen (Paridae)

Nest: Höhlenbrüter in Baumstämmen, Spechthöhlen, Mauerritzen oder sogar Briefkästen **Eier:** 6 bis 12 Stück, 1,7 cm lang, schmutzig weiß mit rötlichen Punkten **Brutverhalten:** 1 bis 2 Bruten; Brutdauer 13 bis 15 Tage; Weibchen baut Nest, beide füttern; Saison- und Dauerehe

Merkmale

Unter den Meisen ist die Kohlmeise ein Riese; mit etwa 14 cm Länge zählt sie zu den größten europäischen Arten. Typisch ist das Gefieder beider Geschlechter. Der schwarze Kopf ist durch weiße Wangen unterbrochen. Von der Kehle zieht sich eine Art schwarze Krawatte über die zitronengelbe Brust bis zwischen die Beine. Je gesünder das Männchen ist, desto breiter ist der schwarze Streifen. Dieser ist im Übrigen ein entscheidendes Kriterium für die Partnerwahl der Weibchen. Die Flügelfarben verlaufen vom Ansatz zu den Spitzen von olivgrün bis stahlgrau; in der Mitte befindet sich ein weißes

Querband. Bei den Männchen sind die Farben kräftiger und leuchtender.

Lebensweise
Kohlmeisen sind bei uns großteils Standvögel und leben überall dort, wo es genügend Bäume und Sträucher gibt, um darauf herumzuklettern. Die Geschlechter übernachten getrennt in Höhlen, wobei das Männchen in der Brutphase seine Partnerin frühmorgens abholt, um Fremdbegattungen zu verhindern. Kohlmeisen ernähren sich sehr vielseitig: Sie bevorzugen Insekten und andere Kleintiere. Im Winterhalbjahr kommen Sämereien aller Art dazu, vor allem fetthaltige. Zu ihren Lieblingsspeisen gehören naturbelassene Erdnüsse.

Gesang
Bei Meisen wurde ein Zusammenhang zwischen Stimmrepertoire und Fortpflanzungserfolg festgestellt. Beide Geschlechter zwitschern gern schon im Winter, oft auch im Duett, wobei immer wieder Imitationen eingestreut werden. Je nach Lebensraum entwickeln Kohlmeisen auch regionale Dialekte. In städtischen Gebieten singen sie höher und schriller, um sich gegen den Umgebungslärm zu behaupten.

Volkstümliche Namen
Einer der populärsten Namen für die Kohlmeise lautet Zizibe; er bezieht sich auf einen so klingenden Ruf. Wegen der Häufigkeit der Art gibt es auch viele Bezeichnungen, die der Volksmund geprägt hat: Dizoidl, Sagfeiler, Tizurl, Kolberl, Kohlmandl oder Weißwangerl.

Wissenswertes
Kohlmeisen sind in ihrem Nistverhalten sehr konkurrenzstark und dominant. Wer sie mit Nistkästen unterstützt, sollte Behausungen mit verschieden großen Einfluglöchern aufhängen. Kohlmeisen benötigen 32 mm Durchmesser. Kleinere Löcher lassen anderen Meisenarten eine Chance.

Mehlschwalbe

Delichon urbicum · Familie: Schwalben (Hirundinidae)

Nest: Halbkugeln aus Lehm oder Schlamm (innen ausgepolstert), an Gebäuden unter Dach- oder Mauervorsprüngen **Eier:** 3 bis 5 Stück, ca. 2,5 cm lang, weiß **Brutverhalten:** 1 bis 2 Bruten im Jahr; Brutdauer 14 bis 16 Tage; beide bauen Nest, brüten und füttern; Brut- oder Saisonehe

Merkmale

Oberseits ist die 12,5 cm große Mehlschwalbe schwarz gefärbt, mit blauem Glanz auf Scheitel und Rücken. Dazu kontrastieren mehlweiß die Unterseite und der Bürzel. Charakteristisch ist, dass auch die Füße von weißen Federn überzogen sind. Die schwalbentypische Schwanzgabelung ist bei der Mehlschwalbe weniger stark ausgeprägt als bei ihrer nahen Verwandten, der Rauchschwalbe.

Lebensweise

Mehlschwalben brechen zwischen Ende August und Anfang Oktober zu ihren Winterquartieren auf, die sich in Afrika südlich der Sahara bis hinunter zum Kap befinden. In den Monaten April und Mai kehren sie in die Brutgebiete zurück. Das Auftauchen der Mehlschwalben im Frühling kann oft ziemlich genau bestimmt werden. In manchen Regionen gibt es sogar ganz bestimmte Tage, an denen sie erwartet werden – und dann oft auch tatsächlich erscheinen. Mehlschwalben bevorzugen besiedelte Gebiete und die Nähe von Gewässern, über denen sie nach Insekten jagen. Auf dem Boden befinden sie sich meistens nur zum Sammeln von Nistmaterial.

Gesang

Die leise gezwitscherten Flugrufe der Mehlschwalben werden oft mit jenem Geräusch verglichen, das entsteht, wenn man Kieselsteine aneinanderreibt. Generell tschirpt die Mehlschwalbe in allen möglichen Lebenssituationen vor sich hin: beim Anflug auf das Nest, beim Rasten – etwa auf Stromleitungen – und natürlich bei Gefahr und Erregung.

Volkstümliche Namen

Den Mehlschwalben hat der Mensch, in dessen Nähe die Vögel leben, viele Namen gegeben: Speich, Speicherl, Schwålm, Turmschwålm, Maurer oder Loamtatscherl.

Wissenswertes

Vogelunkundige können die Mehlschwalbe hoch oben in der Luft kaum von der ihr ähnlichen Rauchschwalbe unterscheiden. Aus der Nähe betrachtet gibt es aber verlässliche Kriterien: Bei Mehlschwalben fallen der kürzere Schwanz und der weiße Bürzel auf, während Rauchschwalben eine rostrote Kehle und ein schwarzes Brustband tragen. Und sie nisten fast immer im Freien. Rauchschwalben bevorzugen das Gebäudeinnere, besonders Ställe oder Hofeinfahrten. Als geschickte Flieger brauchen sie nur ein Fenster in Kippstellung, um aus- und einfliegen zu können.

Mönchsgrasmücke

Sylvia atricapilla · Familie: Grasmücken (Sylviidae)

Nest: in Stauden wie Brombeere oder Laubgehölzen, manchmal in Nadelbäumen **Eier:** 3 bis 6 Stück, 2 cm lang, rötlich braun, einfärbig oder dunkel gefleckt **Brutverhalten:** meist 1 Brut im Jahr; Brutdauer 10 bis 16 Tage; Männchen baut Wahlnester; beide brüten und füttern; Saisonehe

Merkmale

Die etwa 13 cm langen Mönchsgrasmücken haben ein deutliches geschlechtliches Unterscheidungsmerkmal: Erwachsene Männchen tragen eine schwarze Federhaube – Weibchen eine rötlich braune. Der Nacken ist grau und geht in einen olivgrauen Rücken mit ebensolchen Flügeln über. Brust und Bauch sind schmutzig weiß.

Lebensweise

In Wäldern und Gärten mit dichtem Unterwuchs fühlt sich die Mönchsgrasmücke wohl. Nach ihrer Rückkehr aus dem Winterquartier in Südwesteuropa oder Großbritannien und der Erledigung des

Brutgeschäfts nehmen die Vögel, die sich überwiegend von Insekten ernähren, auch Beeren und andere Früchte auf. Häufig sind sie auch im besiedelten Gebiet zu finden und brüten teilweise sogar im städtischen Raum.

Gesang

Wegen ihres flötenden Gesangs war die Mönchsgrasmücke früher ein beliebter Käfig- und Volierenvogel. Der Mönch, zitiert Alfred Brehm in seinem berühmten *Thierleben* den Ornithologen Graf Gourcy, ist einer „der allerbesten Sänger und verdient, meinem Geschmacke nach, in der Stube den Rang vor jeder Nachtigall". In manchen Regionen bringt die Mönchsgrasmücke auch einen leiernden Gesang, der besonders weit zu hören ist. Grasmücken bilden zudem häufig regionale Dialekte aus. Die Motive werden über Generationen weitergegeben.

Volkstümliche Namen

Mauskopf, Kardinälchen, Klosterwenzel – so lauten alte Volksnamen für den Singvogel. Sehr häufig wurde er auch Schwårzblattl, Schwårzkappl, Plattmönch, Murrmeise oder Meisenkönig genannt.

Wissenswertes

Mönchsgrasmücken belegen, wie rasant die Evolution voranschreiten kann. Seit etwa 50 Jahren zieht ein Teil der Populationen in Süddeutschland und Österreich im Winter nicht nach Spanien, sondern nach Großbritannien, wo Vogelfütterung mit Begeisterung betrieben wird. Seither konnten bei diesen Grasmücken Veränderungen im Körperbau festgestellt werden. Die Schnäbel wurden schmäler, die Flügel kürzer – vermutlich eine Anpassung an die geänderte Nahrung (weniger Beeren) und die kürzeren Zugwege. England-Zieher und Spanien-Zieher paaren sich auch nicht miteinander. Man nimmt an, dass so bald neue Unterarten von Mönchsgrasmücken entstehen werden.

Nachtigall

Luscinia megarhynchos · Fam.: Schnäpperverwandte (Muscicapidae)

Nest: am Boden oder bodennah in dichten Krautschichten an Buschrändern **Eier:** 4 bis 6 Stück, ca. 2 cm lang, gelblich bis braun, mit braunen Schattierungen **Brutverhalten:** 1 Brut im Jahr; Brutdauer 13 bis 14 Tage; Weibchen baut Nest und brütet, beide füttern; Saisonehe

Merkmale

Trotz ihrer herausragenden Stellung in der Welt der Singvögel ist die knapp 17 cm lange Nachtigall ein eher unscheinbares Tier. Männchen und Weibchen haben einen hellbrauen Kopf und einen etwas dunkleren, rostbraunen Rücken. Kehle und Brust sind schmutzig weiß bis hellgraubraun, der Schwanz ist kastanienbraun.

Lebensweise

Ab September brechen die Langstreckenzieher in ihre afrikanischen Winterquartiere, die sich südlich der Sahara bis nach Tansania erstrecken, auf. Ab April sind sie wieder in heimischen Gefilden. Das

Vorkommen der Nachtigall ist bei uns auf den pannonischen Osten beschränkt. Sie brütet in unterholzreichen, lockeren Wäldern, Heckenlandschaften und Windschutzstreifen vom Weinviertel bis zum Nordburgenland. Mit wippenden Schwanzbewegungen sucht sie am Boden nach Insekten und Würmern; später im Jahr bereichern Beerenfrüchte den Speiseplan.

Gesang

Der berühmte Nachtgesang, oft schon vor Mitternacht, kommt vor allem von Junggesellen. Bisher dachte man, sie würden damit Weibchen anlocken. Neuere Forschungen legen aber nahe, dass die Weibchen nachts aktiv auf Partnersuche gehen und die Männchen nur antworten. Frühmorgendlicher Gesang stammt eher von bereits gebundenen Männchen, die so ihre Revieransprüche untermauern. Bis zu 260 wohlklingende Strophen beherrschen die Vögel. Auf Tonaufnahmen aus Ghana sind jedoch auffallend dilettantische Gesänge zu hören. Forscher schließen daraus, dass junge Männchen in ihrem ersten afrikanischen Winter fleißig üben, um im Frühjahr ein Weibchen erobern zu können.

Volkstümliche Namen

Ein althochdeutsches Wort für Gesang lautet *gal*. Die Nachtigall ist also schlicht der Nachtsänger. In Brutgebieten wird sie auch Auvogel genannt.

Wissenswertes

Wer kennt nicht das Zitat aus Shakespeares *Romeo und Julia*? „Es war die Nachtigall und nicht die Lerche ..." Es ist nur eines von vielen hunderten. Kein anderer Vogel ist wegen seiner Lieder so präsent in Literatur und Musik. Seit Jahrhunderten ist sie, in den Gedichten von Walther von der Vogelweide ebenso wie im persischen Volksglauben, der Vogel des Frühlings und der Liebe. Ihr Gesang – und damit ist eigentlich schon alles gesagt – bringt Genesung und lässt Rosen erblühen.

Neuntöter

Lanius collurio · Familie: Würger (Laniidae)

Nest: in dornigen Sträuchern (Brombeeren) und Hecken **Eier:** 4 bis 7 Stück, ca. 2 cm lang, weiß oder grünlich mit braunen Sprenkeln **Brutverhalten:** meist eine Brut im Jahr; Brutdauer 13 bis 16 Tage; Nestbau und Fütterung werden geteilt; Saisonehe

Merkmale

Mit ca. 17 cm Länge sind Neuntöter die kleinsten Vertreter der Würger. Die Geschlechter unterscheiden sich sehr deutlich. Das Männchen trägt einen braunen Rücken; Oberkopf und Nacken sind graublau, dann folgt ein schwarzer Augenbalken und darunter die weiße Kehle. Das Weibchen ist auf der Oberseite rostbraun. Kehle und Brust sind beige mit dunkler Sperberung.

Lebensweise

Halboffene Landschaften mit Dornbüschen und Hecken sind der Lebensraum des Neuntöters. Dazu gehören Weiden, Streuobstwiesen oder Trockenrasen. Als Langstreckenzieher, der in Afrika südlich des Äquators überwintert, ist er auch dort vor allem in Steppen und Savannen zu finden. Die Ernährung ist tierisch geprägt. Die Flug- und Lauerjäger erbeuten größere Insekten wie Bienen, Hummeln, Maikäfer und Libellen. Vor allem bei schlechtem Wetter bereichern Amphibien, junge Mäuse und manchmal Jungvögel den Speiseplan. Bei der Migration wurden Neuntöter beobachtet, die mit Erfolg erschöpfte Zugvögel jagten. Im Sommer werden auch Beeren gefressen.

Gesang

Wenn Finken oder Lerchen falsch singen, sind es oft gar keine – sondern Neuntöter, die gern andere Stimmen imitieren, aber für sie zu komplizierte Passagen weglassen. Solche Gesänge werden meist von hohen Warten aus vorgetragen. „Teck-teck“, „tschektschek“ oder „tschjuk“ lauten die Warn- und Imponierrufe des Männchens.

Volkstümliche Namen

Der Volksglaube gab dem Neuntöter seinen Namen. Demnach, hieß es, würde er nicht fressen, bevor er denn *neunerley todt gemachet*, also neunmal Beute gemacht hat. Recht martialisch bzw. stachelig klingen auch seine anderen Namen im Volksmund: Todtengreul, Dornkralla, Dåntschaka, Dornracher oder Dornspießer.

Wissenswertes

Weil Insekten, die Hauptnahrung des Neuntöters, zu bestimmten Zeiten – etwa bei Regen – nicht zur Verfügung stehen, hat der Vogel mit dem markanten Schnabelhaken besondere Fähigkeiten entwickelt. Er legt Vorräte an, die er auf Dornen von Pflanzen oder Zäunen spießt. Von dort holt sich auch das Weibchen während der Brut die Nahrung. Oft nutzt der Neuntöter die Stacheln aber auch nur, um mit deren Hilfe größere Beutetiere zu zerkleinern.

Pirol

Oriolus oriolus · Familie: Pirole (Oriolidae)

Nest: in Astgabeln von Laubbäumen, Geflecht aus Bast und Halmen **Eier:** 2 bis 5 Stück, ca. 3 cm lang, weiß bis rosa mit grauen Flecken **Brutverhalten:** 1 Brut; Brutdauer 15 bis 18 Tage; Nestbau Weibchen; Männchen brütet und füttert mit; Paarbildung nur für Brut und Aufzucht

Merkmale

Pirole sind mit 24 cm Länge etwa so groß wie Amseln; sie werden auch Goldamseln genannt. Die Geschlechter unterscheiden sich deutlich. Das Männchen ist leuchtend gelb grundiert und besitzt schwarze Flügel sowie schwarz-gelbe Schwanzfedern. Das Weibchen ist olivfarben mit gelbem Einschlag, seine Flügel sind graublau. Ältere Weibchen ähneln den Männchen zusehends.

Lebensweise

In Europa lebt der Pirol in Laub- und Auwäldern in niedrigen Lagen. Die häufigsten Nachweise in Österreich erfolgen im Osten entlang der

Donau, im Burgenland und in der Steiermark. Pirole sind Langstreckenzieher und überwintern in Afrika um den Äquator und weiter südlich. Erst im Mai kehren die Vögel zurück. Die Nahrung besteht aus Insekten (vorzugsweise Schmetterlinge und deren Raupen); später im Jahr kommen auch Kirschen, Beeren und Weintrauben dazu.

Gesang

Das charakteristisch geflötete „didlioh" oder „duliolüh" steht lautmalerisch in Zusammenhang mit dem Wort Pirol. In Brehms *Thierleben* wird der Gesang als „piripiriol" übertragen. Pirol-Strophen baute auch Richard Wagner in seine Oper *Siegfried* („Waldweben") ein. Die Warn- und Erregungsrufe klingen ähnlich wie „chrääh", „jickjick" oder „gick-gick-gick".

Volkstümliche Namen

Der Pirol ist seit Jahrhunderten der Wappenvogel des Adelsgeschlechts von Bülow und wird deshalb auch Vogel Bülow genannt. Der deutsche Humorist Vicco von Bülow wählte das französische Wort für den Pirol als Künstlernamen: Loriot. Wegen seiner späten Rückkehr im Mai wird er auch Pfingstvogel genannt. In Oberösterreich und Salzburg Gugler und Kirschvogel, in der Steiermark gelber Kirschvogel und Gugler, in Ostösterreich Guglfåhraus oder Vogel Vierhaus.

Wissenswertes

Mit dem Menschen verbindet den Pirol eine lange, für den Vogel aber auch leidvolle Geschichte. Wegen seines außergewöhnlichen Gefieders war er ein sehr beliebter Volierenvogel, obwohl er dazu in Wahrheit sehr schlecht geeignet ist. Man sagte auch, Pirole würden in Käfigen nur so lange überleben, wie man sie mit Kirschen füttert. Die Höhepunkte seiner Gesangsaktivitäten galten als Regenboten; das laute Verlangen der Jungen nach Futter wurde als Gewitterwarnung gedeutet.

Rotkehlchen

Erithacus rubecula · Fam.: Schnäpperverwandte (Muscicapidae)

Nest: häufig in Bodenlöchern unter Wurzeln oder Büschen, selten auch in Baumhöhlen, Nischen und Nistkästen **Eier:** 4 bis 6 Stück, ca. 2 cm lang, gelblich mit Rostflecken **Brutverhalten:** 2 Bruten; Brutdauer 12 bis 15 Tage; Weibchen baut und brütet; Männchen füttert mit; Saisonehe

Merkmale

Mit etwa 14 cm Länge ist das Rotkehlchen ein eher kleiner Geselle. Geschlechtsunterschiede im Gefieder existieren nicht. Eine markante orangerote Färbung zieht sich von der Stirn zur Brust. Der Rücken ist grau bis olivfarben, der Bauch cremig weiß.

Lebensweise

In unseren Breiten sind Rotkehlchen überwiegend Zugvögel, wobei im Winter auch Gäste aus dem Norden bei uns zu finden sind. Noch im 19. Jahrhundert waren sie Vögel des Waldes. Dort sind sie heute noch anzutreffen, wenn sie den Spuren von Wildschweinen folgen und in der aufgewühlten Erde nach Würmern und Insekten suchen. Vor allem in Westeuropa sind sie heute auch Kulturfolger, wobei der gärtnernde Mensch die Rolle des Wildschweins übernimmt. Rotkehlchen zeigen ein ausgeprägtes Territorialverhalten, das auch an Futterhäuschen bemerkbar wird; Kämpfe unter männlichen Rivalen können sogar tödlich enden. Obwohl sie sehr beherzt und dem Menschen gegenüber recht zutraulich sind, ist an ihnen ein ungewöhnliches Phänomen zu beobachten: Sie neigen zur Schreckmauser und stoßen bei Gefahr Steuerfedern ab.

Gesang
Schnickern und Tixen nennt man die Erregungsrufe des Rotkehlchens. Des Weiteren ist es ein begabter Sänger; bei einzelnen Tieren sind bis zu 275 Motive nachzuweisen. Gerne werden auch andere Vögel imitiert. Rotkehlchen singen selbst in der Nacht – besonders bei Vollmond.

Volkstümliche Namen
Ein altes alemannisches Wort für das Rotkehlchen lautet Rötele. Darüber hinaus gibt es für den stark mit mythischer Bedeutung versehenen Vogel vor allem einen regional übergreifenden Ausdruck: Rotkröpfel.

Wissenswertes
Seit der Antike ist das Rotkehlchen eng mit den Vorstellungswelten des Menschen verbunden. Es war ein Symbol für Sonne, Feuer und Blitz. In England wurde es sogar zum heimlichen Nationalvogel und mit Weihnachten in Verbindung gebracht. Einer christlichen Legende zufolge linderte es Jesu Schmerzen am Kreuz durch seinen Gesang. Dabei soll ein Tropfen vom Blut Christi auf seine Brust gefallen sein. In der Wissenschaft wurde an Rotkehlchen die Plausibilität des umstrittenen Magnetsinns erforscht, weil es sich auch unter völlig isolierten Laborbedingungen gut orientieren kann.

Singdrossel

Turdus philomelos · Familie: Drosseln (Turdidae)

Nest: nach oben geschützt in Nadel- und Laubbäumen oder Aufforstungen
Eier: 4 bis 6 Stück, ca. 2,5 cm lang, blass blaugrün mit dunklen Punkten
Brutverhalten: 2 Bruten; Brutdauer 12 bis 14 Tage; Weibchen baut Nest und brütet allein; Männchen füttert mit; Saisonehe

Merkmale

Singdrosseln sind mit 23 cm Länge kleiner und zierlicher als ihre Verwandten, die Amseln. Männchen sind minimal größer, unterscheiden sich sonst aber kaum von den Weibchen. Kopf, Nacken und Rücken sind unauffällig graubraun. Von der Kehle über die Brust bis zum Bauch ist das Gefieder cremefarben bis weiß und trägt zahlreiche dunkelbraune Flecken, die sich zur Kehle hin verdichten.

Lebensweise

Die Singdrossel ist ein weit verbreiteter sommerlicher Bewohner von dichten Nadel- und Mischwäldern, lebt aber immer häufiger auch an den

Rändern von Siedlungsgebieten – dort vor allem in Parks und auf Friedhöfen. Die meisten heimischen Vögel ziehen im Winter nach Süd- und Südwesteuropa, kehren aber schon ab Februar in die Brutgebiete zurück. Diese Züge sind leider immer noch eine Bedrohung für die Singdrosseln, denn die Unsitte, sie zu fangen und zu verzehren, wird in mediterranen Ländern bis heute gepflogen. Während ihrer Zeit in Mitteleuropa ernähren sich die Vögel vor allem von Insekten, deren Larven sowie Regenwürmern, Spinnen und auch Schnecken.

Gesang

Wenn im zeitigen Frühjahr die ersten lauthals vorgetragenen Singvogellieder erklingen, dann ist die Wahrscheinlichkeit, einer Singdrossel zu lauschen, sehr groß. Von hohen Warten aus trällern die Drosseln ihre arttypischen Strophen. Diese bestehen aus mehrfachen Wiederholungen zwei- und dreisilbiger Bestandteile; etwa „didüwitdidüwit-didüwit“ oder „zidüzidü-zidü“. Dazwischen streut die Singdrossel kurze Triller und mitunter täuschend echte Imitationen anderer Vögel und Zivilisationslaute (Handys, Sirenen etc.) ein. Flug und Kontaktrufe klingen wie ein kurzes „Zick“.

Volkstümliche Namen

Turdus musicus oder *Merula musica* lauten alte wissenschaftliche Namen für die Singdrossel, die auch Zippe oder Sommerdrossel genannt wird. Im Voralpengebiet heißt sie auch noch Drescherl oder Droschl.

Wissenswertes

Schnecken sind die Lieblingsnahrung von Singdrosseln. An das Innere des Gehäuses gelangen sie mit einer raffinierten Technik: Die Gehäuse werden mit dem Schnabel so lange auf Steine geschlagen, bis sie aufbrechen. Solche Fundorte mit Schneckenhausscherben nennt man Drosselschmieden.

Star

Sturnus vulgaris · Familie: Stare (Sturnidae)

Nest: in Specht- oder Baumhöhlen, Fels- oder Mauernischen, gern auch in Nistkästen **Eier:** 4 bis 6 Stück, ca. 3,5 cm lang, einfärbig cremefarben bis grünlich hellblau **Brutverhalten:** 1 bis 2 Bruten im Jahr; Brutdauer 12 bis 13 Tage; beide bauen Nest, brüten und füttern; Brutehe

Merkmale

Stare sind mit etwa 22 cm Länge etwas kleiner als Amseln. Die Geschlechter sind einander sehr ähnlich; das Gefieder der Männchen hat allerdings etwas mehr Glanz. Die Vögel tragen über das Jahr zwei charakteristische Federkleider: im Winter ein Schlichtkleid mit vielen weißen Punkten auf metallisch grünlich schwarzem Grund, und im Frühjahr ein stärker glänzendes Prachtkleid, dem weitgehend die Punktierung fehlt. Der graue Schnabel ist in dieser Phase leuchtend gelb.

Lebensweise

Ein Großteil der Stare Mitteleuropas überwintert im

Mittelmeerraum und in Nordafrika. Jungvögel aus den ersten Bruten im Norden beginnen im Sommer mit Zwischenzügen und halten sich dabei auch einige Zeit in unseren Breiten auf. Stare sind Schwarmvögel, deren Luftakrobatik verblüfft, wenn sie zu Zehntausenden ihre Himmelsmanöver vollführen. Dabei gibt es kein Leittier; jeder Vogel orientiert sich nur am nächsten. So kann ein einziger Star abrupte Richtungsänderungen eines riesigen Schwarms auslösen. Bei Gefahr durch Luftfeinde ist dieses Verhalten, das dem eines Sardinenschwarms bei nahenden Raubfischen ähnelt, sehr nützlich, denn jedes Tier im Schwarm kann Fluchtbewegungen steuern. Am Boden schreiten Stare – im Gegensatz zu den hüpfenden Amseln – und suchen nach Insekten und Würmern. Zur jeweiligen Erntezeit naschen sie ausgiebig Kirschen und Weintrauben.

Gesang

„Spett-spett" oder „tek-tek" lauten die Warnrufe der Stare bei nahenden Feinden. Bekannt sind die Singvögel allerdings für ihr enormes Talent, andere Tierlaute und Umweltgeräusche zu imitieren oder, besser formuliert, zu verspotten. Dazu gehören Hundegebell, Hühnerscharen, Frösche, aufflatternde Fasane, aber auch Handys, Wortfetzen aus Radio und TV oder Sirenen.

Volkstümliche Namen

Strahl oder Spreu lauten alte Namen für den Star. Als Käfigvogel wurde er früher auch Starmatz oder Vetter Starmatz genannt.

Wissenswertes

Sturnus vulgaris ist in mehrfacher Hinsicht ein Star unter den Singvögeln. Die Tiere können Schwärme mit mehr als einer Million Vögel bilden. Und Stare erreichen, gemessen an den meisten anderen Singvögeln, auch ein biblisches Alter. So war ein beringter Vogel nachweislich 23 Jahre alt.

Stieglitz

Carduelis carduelis · Familie: Finken (Fringillidae)

Nest: auf den Außenzweigen in den Kronen von Laubbäumen **Eier:** 4 bis 6 Stück, knapp 2 cm lang, bläulich weiß mit violetten Unterflecken und rostbraunen Punkten **Brutverhalten:** 2 Bruten im Jahr; Brutdauer 11 bis 13 Tage; Weibchen baut Nest und brütet; beide füttern; Saisonehe

Merkmale

Mit etwa 12 cm Länge ist der Stieglitz ein eher kleiner Fink. Sowohl Männchen als auch Weibchen sind bunte, prachtvolle Vögel. Typisch sind die rote Gesichtsmaske, die schwarzen Augenflecken und der sehr helle, elfenbeinfarbene Schnabel (Jungvögeln fehlt die prächtige Kopfzeichnung). Das Gesicht des Stieglitzes ist weiß umrahmt, der Rücken kamelbraun. Der gelbe Streifen an den Flügeln ist weithin sichtbar. Die schwarzen Flügelspitzen sind wie der Schwanz weiß gefleckt.

Lebensweise

In unseren Breiten ist der Stieglitz weitgehend ein

Standvogel, der Obst- und Weingärten, Flussufer und nicht allzu regulierte Parkanlagen bevölkert. Seine Hauptnahrung sind Samen, wobei er vor allem jene von Distelgewächsen und Wildkräutern schätzt. Wie die Meisen ist er in der Lage, kopfüber von Zweigen zu hängen, um besser an Blütenstände zu gelangen. Am Boden ist er nicht besonders geschickt. Zur Brutzeit reichert er die pflanzliche Kost mit Insekten und vor allem Blattläusen an.

Gesang

Typisch sind die Stieglitz-Rufe „dudidelit" oder „stigelitt". Die Strophen trägt er eher hastig vor. Männchen singen gerne von hohen Warten gemeinsam; der Gesang der Weibchen ist etwas leiser und weniger facettenreich.

Volkstümliche Namen

Eigentlich stammt der Name Stieglitz aus dem Polnischen, wo er lautmalerisch wegen seines Rufes *Szczygiel* genannt wird. Der lateinische Name *Carduelis* spielt auf seine Lieblingsnahrung Distelsamen (*carduus*, die Distel) an. Deshalb wird er oft auch Distelfink genannt. Weitere Namen: Stachlitz, Sterlitz, Stutzer, Gelbflügerl oder Rotvogel.

Wissenswertes

Nach einer alten Sage blieb der Stieglitz übrig, als Gott die Farben an die Vögel verteilte. Weil in allen Töpfen nur noch Reste da waren, wurde aus dem Stieglitz ein so kleinteilig farbenfroher Vogel. Sehr oft ist er auch auf christlichen Passionsgemälden zu sehen. Wegen seiner Vorliebe für die dornigen Disteln wurde er mit der Leidensgeschichte Jesu in Verbindung gebracht und verkörperte die dunkle Vorahnung von der Kreuzigung. Auch als Käfigvogel war der Stieglitz äußerst beliebt. Seine Färbung und sein Gesangstalent wurden beeinflusst, indem man ihn mit Kanarienvögeln oder Bluthänflingen kreuzte.

Wasseramsel

Cinclus cinclus · Familie: Wasseramseln (Cinclidae)

Nest: in Nischen von Böschungen und Felskanten, hinter Wehren oder sogar Wasserfällen; jahrelange Nistplatztreue **Eier:** 4 bis 6 Stück, ca. 2,5 cm lang, weiß bis cremefarben **Brutverhalten:** 1 bis 2 Bruten; Brutdauer ca. 16 Tage; Männchen wählt Nistplatz; beide bauen Nest, sie brütet; Saisonehe

Merkmale

Unverkennbar ist die etwa 18 cm lange Wasseramsel vor allem wegen ihrer typischen knicksenden Bewegungen. Auch äußerlich ist sie leicht zu bestimmen. Die Geschlechter unterscheiden sich nur dadurch, dass das Männchen etwas größer ist. Wasseramseln sind extrem kurzschwänzig. Der braune Oberkopf geht in einen dunkelgrauen, geschuppten Rücken über. Kehle und Brust sind weiß, der Unterbauch grau- bis rostbraun.

Lebensweise

Wasseramseln sind Standvögel; allenfalls wandern sie bei Zufrieren oberer Flussläufe flussabwärts. Sie sind die einzigen heimischen Singvögel, die schwimmen und tauchen können. Das tun sie mit aufgestelltem Schwanz und rudernden Bewegungen der Beine und Handschwingen. Bis zu 20 Sekunden, meist aber 10, können sie unter Wasser nach Nahrung suchen. Nasenklappen verhindern dabei das Eindringen von Wasser. Die Nahrung besteht aus Larven von Köcher- oder Eintagsfliegen, aus Bachflohkrebsen, Schnecken oder Brutfischen. Im Sommer werden auch Fluginsekten erbeutet. Typisch an Land ist das ziemlich schnelle Knicksen mit den Beinen und das Blinzeln mit den Augen.

Gesang

Wegen des hohen Geräuschpegels am Wasser dürfte das bereits erwähnte Knicksen und Blinzeln auch der Kommunikation dienen. Der Gesang der Wasseramseln geht nur allzu oft im Rauschen der Bäche unter – schade, denn er ist sehr vielfältig. Pfeifen, Zwitschern und Schnarren gehören zum Repertoire. Aufgeregte Rufe klingen nach „zjp“ oder „zii-zii“.

Volkstümliche Namen

Früher wurde die Wasseramsel auch Wasserstar genannt; ein verbreiteter Ausdruck war auch Wasserschmätzer. Generell wird meist ihr korrekter Name im Dialekt gesprochen: Wåssaåmsl, Båchåmsl oder Wåssaåmbschl.

Wissenswertes

Wasseramseln bevölkern am liebsten die sogenannte Forellenregion der Gewässer; am häufigsten sind sie an den Bächen und Flüssen der Alpen- und Voralpenregion zu finden, aber auch im Mühl- und Waldviertel. Ihre Bedürfnisse bezüglich der Wasserqualität machen ihr Vorkommen somit auch zu einem Indikator für die Gewässergüte. In den 60er-Jahren des 20. Jahrhunderts gab es wegen Flussverbauungen massive Einbrüche der Populationen. Mittlerweile haben sie sich etwas erholt,

Zaunkönig

Troglodytes troglodytes · Familie: Zaunkönige (Troglodytidae)

Nest: gut versteckt in Baumwurzeln, Hecken, Nischen oder dichten Büschen; kugelförmig **Eier:** 5 bis 7 Stück, ca. 1,5 cm lang, weiß mit kleinen Rostflecken **Brutverhalten:** 2 Bruten im Jahr; Brutdauer 13 bis 16 Tage; Männchen baut Wahlnester im Rohbau; beide füttern; Brutehe

Merkmale

Der Zaunkönig ist nach dem Goldhähnchen der kleinste Singvogel Europas und misst nur 9 bis 10 cm. Es gibt keine Geschlechtsunterschiede. Arttypisch ist der kurze hochgestellte Schwanz. Das Gefieder ist zur Tarnung unscheinbar braun, wobei die Unterseite heller ist und wellenförmige Maserungen zeigt. Der Schnabel ist lang, dünn und minimal nach unten gebogen.

Lebensweise

Die kleinen Singvögel sind zwar Teilzieher, doch harren die meisten in unseren Breiten auch im Winter aus. Wetterextreme können jedoch zu deutlichen Populationsverlusten führen, die sich Jahre später wieder ausgleichen. Im Winter übernachten Zaunkönige gruppenweise (bis zu 20 Tiere) in Aushöhlungen – oft menschennah in Mauernischen oder Ställen. Ihre bevorzugten Orte sind dichtes Buschwerk und faunareiche Böden, auf denen sie nach wirbellosen Tieren (Insekten, Spinnen, Asseln, Ohrwürmer) suchen; sie lieben auch die Nähe von Gewässern. Samen nehmen sie nur ausnahmsweise.

Gesang
Oft ist man überrascht, wenn man die Quelle eines ungewöhnlich lauten Vogelgesangs geortet hat: Ausgerechnet der kleine Zaunkönig schmettert mit bis zu 90 Dezibel seine vielfältig strukturierten Lieder. Offenbar tut er das, damit er auch außerhalb dichten Buschwerks zu hören ist. In früheren Jahrhunderten wurde aus seinem Gesang wahrgesagt; er war ein beliebter Käfigvogel.

Volkstümliche Namen
Ein König war der Vogel schon in alten Fabeln. Dass er zwischen Zäunen herumschlüpft, wird erst in den Märchen der Brüder Grimm erwähnt. Die meisten regionalen Bezeichnungen nehmen auf sein Biotop Bezug: Zaunschloiferl, Zaunschlupferl, Zaunschliefer, aber auch Kinicherl oder Kinigl.

Wissenswertes
In mehreren Legenden und Sagen wird der Zaunkönig als eine Art trickreicher, frecher Spatz dargestellt – etwa wenn er sich im Gefieder des Adlers versteckt, der gen Himmel steigt, und erst dort oben noch ein Stück höher fliegt als der Raubvogel es vermag, um sich zum König der Vögel zu küren. In der Literatur spielt er in mehreren Dramen Shakespeares eine Rolle. Und seit der Antike, später auch durch Hildegard von Bingen, wurden ihm Heilkräfte zugesprochen – eingesalzen oder als Asche verschiedenen Wunderkräutern beigemengt.

Zilpzalp

Phylloscopus collybita · Familie: Laubsänger (Phylloscopidae)

Nest: bodennah in Sträuchern, Jungbäumen oder dichtem Brennnessel-bewuch **Eier:** 4 bis 6 Stück, ca. 1,5 cm lang, weiß mit dunkelbraunen und schwarzen Flecken **Brutverhalten:** 2 Bruten im Jahr; Brutdauer 14 bis 15 Tage; Weibchen baut Nest und brütet; Männchen füttert mit; Saisonehe

Merkmale

Der Zilpzalp, auch Weidenlaubsänger genannt, zählt mit 10 bis 11 cm Länge zu den kleineren Singvögeln unserer Breiten. Beide Geschlechter sind unscheinbar gefiedert – mit braunem Rücken, olivfarbenen bis gelblichen Einzelfedern und schmutzig weißer Brust. Der Hals ist kaum wahrnehmbar, wodurch der Vogel einen gedrungenen Eindruck macht. Der Ansatz des Unterschnabels ist fahlorange.

Lebensweise

Im Winter ist der Zilpzalp nur vereinzelt in unseren Gärten und Parks zu finden. Die meisten Vögel ziehen zwischen